当代顶级景观设计详解

TOP CONTEMPORARY LANDSCAPE DESIGN FILE

本书编委会 · 编

城市景观

CITY LANDSCAPE

中国林业出版社

China Forestry Publishing House

图书在版编目（C I P）数据

城市景观 / 《城市景观》编委会编. -- 北京 : 中国林业出版社，2014.8
（当代顶级景观设计详解）
ISBN 978-7-5038-7512-0

Ⅰ. ①城… Ⅱ. ①城… Ⅲ. ①城市景观－景观设计
Ⅳ. ① TU-856

中国版本图书馆 CIP 数据核字（2014）第 107391 号

中国林业出版社 · 建筑与家居出版中心
出版咨询：（010）8322 5283
责任编辑：纪亮　王思源

出版：中国林业出版社（100009 北京西城区德内大街刘海胡同 7 号）
网址：http://lycb.forestry.gov.cn
E-mail：cfphz@public.bta.net.cn
电话：（010）8322 5283
发行：中国林业出版社
印刷：北京利丰雅高长城印刷有限公司
版次：2014 年 8 月第 1 版
印次：2014 年 8 月第 1 次
开本：170mm × 240mm　1/16
印张：12
字数：150 千字
定价：88.00 元（全套定价：528.00 元）

鸣谢：
感谢所有为本书出版提供稿件的单位和个人！由于稿件繁多，来源多样，如有错误出现或漏寄样书，敬请谅解并及时与我们联系，谢谢！电话：010-83225283

CONTENTS

CITY LANDSCAPE

巴伐利亚国家博物馆
Bavarian National Museum

项 目 名 称：巴伐利亚国家博物馆
项 目 地 址：德国 慕尼黑
项 目 面 积：3,700 平方米

本设计是对 1898 年 Gabriel Seidel 设计的原广场的诠释。

广场（位于巴伐利亚国家博物馆前面）翻新采用了下沉式广场的主题，这一主题早在 20 世纪初期就已对城市广场的设计产生了一定的影响，现在新广场的设计又重新采用了这个主题。

设计思想是通过不同的倾斜平面扩大广场，为人们提供不同的感受，使广场成为一个充满活力和生气的新空间。

广场采用了深色和浅色相间的均匀的条纹，像一张地毯一样，铺在广场之上，两侧是用花岗岩建成的体量。广场从街道一侧（Prinzregentenstraße 大街）向主入口有规律地下沉。

优质材料，如白色、灰色和砂土色的大理石以及锦熟黄杨绿篱塑造了新的广场设计。深绿色的绿篱与铺路石的白色条纹和不锈钢围成的宴会草坪形成强烈对比。

在 1937 年春季以前，博物馆的前厅还没有达到现在的规模：一个较大的广场，包括一些小品，如下沉广场、Prinzregenten 大街上的纪念碑、一个栽有一些树木的台地以及休伯特斯寺庙。

从 1936 年开始，下沉广场的设计理念就已经得到应用，如今又得到了新的诠释。在两侧大理石体量的包围之下，广场有规律地向主入口下沉。除了衬托其他特色元素之外，广场还为人们提供了可以休息的台阶；同时，通往建筑的斜坡使主入口更加突出。

为了重新为博物馆建造一个合适的前厅，广场采用深色和浅色相间的条纹，像一张地毯一样铺在广场之上。

一些功能要求，如自行车道、备用通道以及客车通道都安排在人行道之上，没有加以区分。人行道与广场表面深浅相间的条纹相呼应。周围人行道上采用的是类似大理石的材料，但是质量要比大理石好。

树木的叶子仿佛形成了一个屋顶，这一主题在这里以一种新的方式得到了诠释。两组木兰树（每组 4 棵）屹立在广场之外，不仅强调了主入口，而且在广场上形成了一个新的特色。

150 JAHRE

梅萨艺术中心
Mesa Arts Center

项 目 名 称：梅萨艺术中心
项 目 地 址：美国 梅萨
设 计 团 队：Martha Schwartz, Don Sharp, Shauna Gillies-Smith, France Cormier, Roy Fabian, Kristina Patterson, Evelyn Bergaila, Krystal England, Nancy Morgan, Sari Weissman, Michael Glueck, Nicole Gaenzler, Lital Szmuk, Michael Kilkelly, Nate Trevethan, Lital Fabian, Wes Michaels, Susan Ornelas, Patricia Bales, Paula Meijerink

社区、客户与设计团队从项目一开始就进行合作，到底能达到什么效果，在梅萨艺术中心项目中得到了回答。这种合作的效果明显，它加强了户外与室内空间的相互联系，为艺术中心的演出、视觉艺术展览和教育等活动提供了一种可以利用的模式。场地设计遵循市中心复兴与可持续发展的要点，使它在干旱的亚利桑那景观中具有明显的特征。

项目陈述

几年前，我们公司接受了亚利桑那州梅萨市的梅萨艺术中心的景观设计任务。实际上， 梅萨市是一座"原始的"的凤凰城，发展快速、蔓延无序、缺乏中心或个性。2004 年美国人口普查估算梅萨的人口有 437,454 人，比 15 年前增长了 51%。如今，梅萨市成为了美国最大的郊区城市。

梅萨市一直以来就缺乏城市核心。居民和游客出行没有明确目的地。当要求社区居民指出代表城市中心的空间时，大多数人选择

了最新建成的购物中心。幸运的是，城市决策者意识到了这个问题，为了保持目前的人口规模，吸引潜在的定居者，梅萨市必须通过有效的城市重建来进行彻底的改造。

梅萨艺术中心正好处于城市的中轴线上。它位于两条主干道，即主大街和中心大街的交汇处。这个惊人的巨大街区，有 180 米见方，街道非常宽（30米），能让用一队公牛拉的大卡车做反向转弯，足够容纳整个城市进行集会。通过设计，我们希望连接原先缺乏联系的城市区域，并创造出一个生动的、明确的出行目的地。

我们的团队与建筑师密切合作，集中精力建造无论在视觉上还是在社会影响上都非常具有吸引力的核心，它会成为未来的城市中心。在这片场地上会建 3 个规模不同并且大小可以经常改变的表演艺术剧场，一个社区艺廊和一个学校。另外，项目负责人想要设计一个具有标志性的户外公众空间，既能主办全市共享的大型活动，也可举办小型户外聚会。

设计了至少 12 个方案以后，我们联合推出了城市的"晶体"方案，是有着确定范围、坚实的外形和令人叹为观止的内部空间的中心框架结构。这种结构会为土地利用强度低和需要空间界定的城市建造起街道围墙。沿着主大街和中心大街建成的街道围墙会带来整个街区的发展，进而，会建立起城市的中心密集区。然后，此街区被"雕琢"或被"分割"，开通了一条精心设计的过道，作为入口空间和街道，通向 3 个剧场。

过道设计成了"林荫步道"的形式，壮观的步行道以大的拱形

穿过建筑体。在西南沙漠地区，强日照是最重要的环境特征，林荫步道的阴凉就成为设计中的基本元素。设计要最大程度地表现植物的阴影图案，并且为人们创造舒适的空间。植物像是艺术中心 3 个剧场的演员，积极地参与到空间这个戏剧中。“林荫步道”可以方便大小团体进行集会、表演和艺术展览等活动，同时它还可以提供更小的“小公园”用于休息，提供与水相关的项目进行水上娱乐。茂盛的树木、浓密的绿荫、众多的张拉帆布篷和格架构成了干旱沙漠景观中的荫凉绿洲。

与“林荫步道”平行的是一条“小河”，有 91.5 米（300 英尺）长，金色的石灰瓦片和火山岩的薄片呈线性排列，用来代表干枯的河床，这样的水景特征适合于西南地区。在沙漠地区，一般的时候溪流都是干枯的，但是它也会周期性的有快速的水流流过，让人想起了此地会有山洪暴发。洪水过后，水又干了，小河又开始进入下一轮的循环。因为梅萨市每年平均有 300 个晴天，其中 90 天的温度会超过 37.78 摄氏度（100 华氏度），所以，水和树影营造的清凉酷暑带给人们一种惬意的享受。

贯穿“林荫步道”的另一特点是宴会桌的使用，这个设计元素多次出现在广场上。宴会桌是用又长又细的不锈钢做成，中间有一流水狭槽，很像兰特（Lante）别墅中的流水餐桌。这些桌子聚在一起并且相互依靠，形成靠近剧院的更正式的社交场所。

广场中营造正式场合的要素透露出诗样的气息，将人与环境融合在梅萨这个新的动感十足的场所中。这样的设计不仅创造出新的

形象，还能发挥社区的中心功能。

梅萨艺术中心发挥了它市中心目的地和聚集场所的作用，梅萨市民对此深感自豪，城市旅游业和税收也得到了发展。梅萨项目代表了美国城市发展的新潮流，这种巧妙的城市开发设计正是人们所期待的。

评委会评论道，"非常了不起！它在这个场地上保留了丰富的色彩和文化，成功地改变了这一地区。我们喜欢这样的精神，无论有没有水，它看起来都很漂亮。顶部的遮光结构十分抢眼，确实是一处令人难忘的地方。"

丹麦 CROWN–AREAS

DANISH CROWN-AREAS

项 目 名 称：丹麦 CROWN-AREAS
项 目 地 址：丹麦 奥尔堡
项 目 面 积：1,500 平方米
设 计 公 司：Vibeke Rønnow Landskabsarkitekter, C. F. Møller Architects

在 Nr. Sundby 的 12 公顷前丹麦皇室屠宰场，正在变成一个现代的、多用途的和行人区、广场、绿色公园联系在一起的城区。c . f . Møller 架构师负责总体规划和设计指南，专注于将中央城市"流浪者大街"作为主要的轴连接城市和港口。

步行街被设计于围着一条从地下水盈余出现，贯穿在一个开放的小沟湾的街上的小溪。一路上，溪流流经长满青苔的游泳池，和一个更大的钢铁镜池。表面和铺路由蜜色的混凝土和板岩铺设，并由集成 led 照明来点亮。

BYGGELEDELSE

奥格斯堡 Wollmarthof

Augsburg Wollmarthof

项目名称：奥格斯堡 Wollmarthof
项目面积：1,600 平方米
设计公司：GESELLSCHAFT VON TOPOTEK 1 LANDSCHAFTSARCHITEKTEN MBH

Wollmarkthof 是一个与众不同的空间：建筑的各个功能区都彼此相邻，但是彼此之间并没有联系。

古老的修道院和圣玛格丽特教堂是目前历史遗留下来的唯一痕迹。

方案的中心思想是再现建筑的历史外观，并通过建造一个更大的公共广场来解决某些区域在个人使用和公共使用中出现的问题。

我们使用较小的铺路石打造出一个总体图案，再现了建筑历史外观的辉煌。

用过的铺路石会进行表面切割，然后拼成一个新的图案。丢失的铺路石要重新定购，以便能够打造出要求的图案。

最终的图案将把所有的区域都组合成一个展开的表面。

古老修道院的正面设置了两个绿色的大理石长凳，与绿篱相互映衬，不仅提供了休息的地方，而且突出了古老拱廊前面的入口。

柏林 Südkreuz 火车站

Südkreuz Train Station,Berlin

项 目 名 称 : 柏林 Südkreuz 火车站
项 目 地 址 : 德国 柏林
项 目 面 积 : 50,000 平方米
设 计 公 司 : GESELLSCHAFT VON TOPOTEK 1 LANDSCHAFTSARCHITEKTEN MBH

新建的火车站 Papestrasse 形成了一个城市枢纽，将附近地区的各种结构和功能结合在一起。

而火车站建筑本身又是所有这些结构的连接元素，将不同的设施连接在一起。立交桥为火车站的公共空间赋予了不同的空间特性。

设计融入了场地的总体环境，同时又兼顾了每个空间的特定需求及其他方面。

4 个广场的设计各具特色，展现出不同的空间特征，与附近的城区相呼应。与这些地区之间的互动便成为打造 Südkreuz 火车站公共空间的主题。

作为 Schöneberg 地区的主入口，西面的广场十分开敞，而且具有代表性的特征，同时与街道上的公共运输形成互通式的立体交叉。

东面的广场显得更加亲切一些，但是仍然具有明显的城市特征。广场利用地形条件，与相邻街道平行的一面挡土墙将相邻的人行道

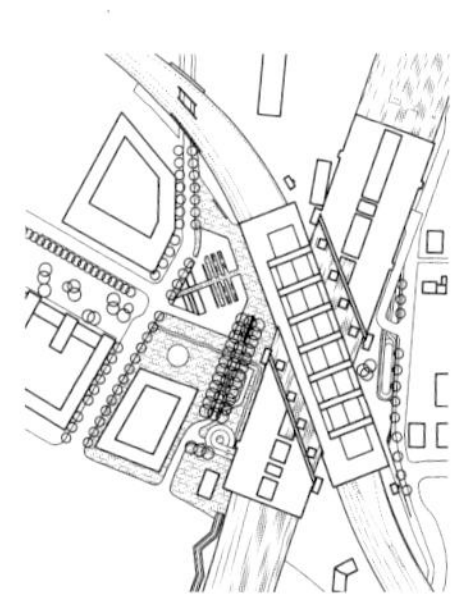

分成不同的高度，提供了一条通往车站这一侧的通道。广场以加宽的人行道的方式出现在人们的面前。

南面和北面较小的区域是车站的次要入口，提供了通往车站的通道；这里的环境与公园相似，一片草坪和错落有致的树木中有一条蜿蜒的沥青小道，扩大了植被的范围，增强了公园的氛围。

E aktiv markt

墨尔本 717 号 Bourke 大街

717 Bourke Street

项 目 名 称：墨尔本 717 号 Bourke 大街
项 目 地 址：澳大利亚 墨尔本
项 目 面 积：10,000 平方米
设 计 公 司：ASPECT Studios 澳派景观设计工作室

ASPECT Studios 澳派景观设计工作室受业主邀请，对这处位于墨尔本港口区的商业综合体项目提供景观设计，包括街道景观、迷你公园、屋顶平台和庭院的设计。景观设计师同建筑设计公司 Metier3 architects 以及业主 PDS 集团一同开展工作，成功地打造一个独特的商业景观空间，成为墨尔本港口区又一个新地标。

设计避免了景观与建筑常规的 90 度直角的空间关系，创造出一种独特的景观语言，成功地打造了一系列商业景观功能空间，包括梯形的景观地形、座椅、种植池和平台等。

AMP

Alai Txoko 公园

ALAI TXOLO (IRUN)

项 目 名 称 : Alai Txoko 公园
项 目 地 址 : 西班牙 伊伦
项 目 面 积 : 30,000 平方米
设 计 公 司 : Paisajsitak LUR , SL
设 计 师 : Lur Paisajistak S.L

公园原先是一大片天然植被，这种封闭的景观给居民烙印下深深的不安全感。该公园项目旨在打造出开阔的空间，带来人们渴望已久的都市安全感。

天然草地和栽种的草坪共同形成了此开阔空间，公园中心还栽植了樱桃树。中央草坪笑迎八方来客，它的地平也让充当堤岸的高墙显得不那么陡了。

我们的设计让人们在通向伊伦市的主干道上，可以欣赏到树林美景，而且栽植的众多喜马拉雅棕榈树也会成为 Alai Txoko 公园的身份标志。

在较为有限的空间修建一个运动场。公园的整体设计上还包括一条自行车道。

美国自然历史博物馆的亚瑟·罗斯平台

Arthur Ross Terrace at the American Museum of Natural History

项目名称：美国自然历史博物馆的亚瑟·罗斯平台
项目地址：美国 纽约
项目面积：8,093.7 平方米
设计公司：查尔斯安德森景观建筑公司

由于天文台和新停车场的开建，我们所面临的最大挑战之一便是要创建一个能与前次阳台设计中安置的树坑和基础设施相适宜的新设计。如果回顾一下我们这一段阶段的进展，感觉就像是在沃尔特·马修的脸上重塑一张像茱莉亚·罗伯茨的脸。这并不是一项轻松容易的任务。

与屋顶平台设计同步进行的还有玫瑰与牧师中心的建设，此中心用于地球和宇宙展区的展览，代替了原有的老化的海登天文台。除此之外，同时兴建的还有一个停车场和博物馆服务区。新建项目中的一部分便是亚瑟·罗斯天台，天台为博物馆提供了一英亩见方的半公共露天空地。位于新建停车场上方的天台，将被建成多功能的城市广场喜迎公众和博物馆参观者们的到来，此外，广场还可用于举办特别活动，为博物馆的赞助商、学龄儿童和广大市民提供户外教育场地。天台的设计融合了美国自然历史博物馆颇具历史意义、传统的外观和功能以及用于地球和宇宙展区展览的玫瑰中心所采用

的现代设计和发光材料。表达这一概念的灵感来源于月食时月亮投摄下的多重圆柱形阴影。天文台设计中具有未来主义风格的、浮动的球体就像月食中的月亮一样，在天台上投摄遍布在天空中月亮阴晴圆缺变化的阴影。

平台还是一处观赏精美绝伦的新天文台的绝佳场所。天文台使用一标志性的星体外罩一晶莹的玻璃立方体。这一设计不仅重新定义了拥有 128 年历史的博物馆的形象，同时还出色地完成了其成为里程碑的使命。同时，平台的设计还颠覆了传统意义上风景这个词汇的概念，引进使用了一系列具有隐喻性和简洁性的新材料。另外，在平台上，古老的银杏树与星际相接，创造了一块可供人们沉思、学习和休憩的场所。在这里，参观者们将会兴致勃勃地研究人类自身与地球的联系，以及探索太空的奥秘。

Big Sky 景观

Big Sky

项 目 名 称：Big Sky 景观
项 目 地 址：加拿大 卡尔加里

Big Sky 声称在卡尔加里的奥林匹克广场的中央喷泉空间有着缤纷的云朵漂浮在天空，还有很多鸟儿穿梭在亚伯特的天空中。

允许喷泉空间有或没有水的功能，Big Sky 在中央水景表面奇异的图形安装，让游客对阿尔伯塔的浩瀚天空震惊，同时庆祝其独特的、不断变化的、短暂的能印证 Calgary 身份的品质 。比生命更大的是， Big Sky 反映出可以在瞬间改变的每日和季节性的流动。Big Sky 幻动的图形提示出连接到周围的站点，同时认识到它的一个连接着更大的笼罩着卡尔加公园系统网络的重要性。

Big Sky 上面的分层是一个可以让鸟儿飞翔的聚集组织。鸟类通过轻轻地移动来反映出对周围天气、风和水的影响。通过捕捉光闪烁，鸟儿参照着较大的覆盖着卡尔加里的自然系统。微风吹来，鸟儿好像在云中迁移。在纤细的枝干上，鸟儿也让人想起广阔的大草原的草，而他们的波状外形唤起为卡尔加里提供标志性背景的山麓。在流动中漂流玩耍着，鸟儿享受着这样的姿态，而参观奥林匹

克广场的游客们也同样享受着。

Big Sky 的装备促进了通过天空和穿越这重要的网络的迁徙鸟类连接的公园系统站点的重要性。描绘着大自然的动力学，Big Sky 的装备通过连接它的巨大而短暂的品质氛围扩大了奥林匹克广场的规模。

TEATRO

布拉德福德的城市公园

Bradford's City Park

项 目 名 称：布拉德福德的城市公园
项 目 地 址：英国 布拉德福德

镜池和水景

已经完成的城市公园的中心是一个巨大的水景，约 4,000 平方米的反光镜池。这个 Gillespies 与工程师 Arup 和 The Fountain Workshop 的设计证明，镜池是一个多功能空间。内部水可以完全流走以提供大规模的活动场所。稍微降低水位也可以显示出堤道，允许人们走在喷泉池之间。堤道还可以把水变成以水为背景的任何组合的能够提供较小的活动空间的三个池子。

池中包含了 600 立方米的水，超过 100 个喷泉。中央喷泉可以达到 30 米高，是英国城市中最高的。

尽管局限于池的大小，水很浅（最高 220 毫米），深度变化非常缓慢，但这对可持续性带来了好处并且有着保证活动安全功能。喷泉有着一系列精心的预设方案，方案的改变取决于那天的天气和事件。喷泉的序列将反映着日常城市的节奏，标记出时间，比如当人们什么时候旅行、下班或吃午餐休息。

完全排水的能力在日常的基础上简化了对水池的操作维护。在设计开发中这是一个关键因素。它使得在地面上不需要专业清洗设备，减少了每年的维护成本。

公共领域空间——材料

Gillespies 设计的城市公园的镜池被一个 4 米宽朝南的硬木木板路包围着，像一个"海滩"围着水池，在夏天的时候可以让你浸着脚丫嬉戏。

站点其余部分的建设材料与花岗岩洞穴镜池以及斑岩和砂岩铺平道路的材料同样高质量。所有中心区域的平铺道路都被设计要承受高车辆和点荷载，这样空间就会适合各种规模的事件。

Gillespies 选择很难搭配的景观材料使用在布拉德福德的公共领域空间，将城市公园嵌入到城市的构造中。

可持续设计特性

一系列可持续原则从开始到实现已经嵌入到设计中：

- 材料日常花费和简单设计条件下耐使用的设计
- 空间的灵活性，允许空间适应时间的流逝
- 水深度降低到最低来减少使用量，同时保持冲击力
- mini-water 处理厂的创建允许尽可能多的水再循环
- 使用钻孔和雨水收集来补充水源
- 本地劳动力的就业和培训以及当地供应商使用情况

• 改进公共交通以及关键的行人和自行车路线

照明设计特点

照明在天黑后对于公园的扩展来说扮演着一个重要的角色。照明一直在小心翼翼地平衡以提供一个灵活的夜间环境，同时保持城市中心的功能需求。照明选择最佳平衡方式来平衡不同行人经验，在公园协助导航和挑战传统的大型景观空间。城市公园照明的安装是通过一个中央管理照明控制系统，既响应上升和下降的水位，又响应着艺术的要求。

城市广场公园
City Square Urban Park

项 目 名 称：城市广场公园
项 目 地 址：新加坡

城市广场公园面向着城市广场购物中心的入口，提供给附近的居民和游客一个休闲环境。此外，自然空间成为了一个提醒人们保护环境的重要性的提醒者。

地下广场的焦点是公园，作为多功能空间，同时也作为一个连接商场到捷运站的通道。一个由太阳能电池板组成的生态屋顶、低辐射玻璃面板和一个凹陷的绿色屋顶能够自然地产生能量，进而给灯饰能量、调节温度并控制风循环。

环保的材料，如生态瓷砖和回收利用的木材，被用来建造公园的各种结构，如操场。

fountain park
eco maze
stage

Cloud 城市空间

Cloud

项 目 名 称：Cloud 城市空间
项 目 地 址：丹麦 哥本哈根
项 目 面 积：5,500 平方米
设 计 公 司：SLA

哥本哈根是依存于水资源利用与开发的城市。以前由于重型工业运输污染，海港地区成为城市生活环境的落后区，而近些年来，这里相比以前吸引了越来越多的人们过来工作和生活。很多新来的和本地的居民在工业区、仓储区拆除移走之后迁入到这里。但是，城市污水治理仍然是哥本哈根日益严重的问题。气候变化给城市本不完善的污水再生利用的处理设施带来了越来越多的压力。当下雨的时候，污水排水道会有过载的危险，而且受到污染的水也将排放到海港中。可见，水既是城市形象的美容师，又是市民生活健康的医疗师，通过了解水的危害性和水赋予生命的灵性财富，我们懂得了水质对于人们生活发展的重要性。Cloud 城市空间位于哥本哈根的老中心区和现代海港之间的交界处，其中老城区的公寓建筑物建有雕琢切割过的外表面，呼应配合了商业住宅追求平滑反光效果的新式空间原则，这项原则是基于将有古典轴线、分层次的室内隔断转变成流线型、不分层的空间序列。

Cloud 城市空间的开创正是基于这些特点。在这里，水晶大厦——一个丹麦重要银行的新总部，外表面好似结冻的水面，能够利用其光滑、锋利、凹凸不平的表面反射阳光。到了阴雨天的时候，大厦仿佛笼罩了灰色的阴影，并且融合了周围环境的色彩和天气的变化。

云朵在其本质上有可见性的形态，有其从白色到灰色再到黑色的色彩光谱。它们是由小水滴和冰结晶构成的。空气与不同温度或不同组成的混合物，通过冷却可以增加空气中水蒸汽的含量。在大气中的水蒸汽凝结后，就形成了云。温度、湿度、风速和稳定性条件决定了云彩的外观和大小。

哥本哈根全年有 2/3 的时间是笼罩在阴雨天下的。城市区域，Cloud，通过运用灰色阴影来反映这种情况。

总而言之，Could 设计为哥本哈根提供了感性而亲切的城市空间，这里不仅能够提供给当地健康舒适的环境，而且能够让哥本哈根的市民享受到自己城市的独具特色的一面：云、雨和雾。

BGU 大学入口广场和美术馆

BGU University Entrance Square & Art Gallery

项 目 名 称：BGU 大学入口广场和美术馆
项 目 地 址：以色列 贝尔谢巴
项 目 面 积：4,500 平方米
建　筑　师：Chyutin Architects Ltd.

Deichmann 广场和 Negev 美术馆构成 Ben-Gurion 大学校园和贝尔谢巴城市之间的联系。

广场作为校园西面的入口大门，周围有着既存的建筑和未来 Negev 美术馆。广场为学生和城市人口提供了一个文化和社会活动的户外空间。

广场与面向着城市和校园的细长结构的画廊所接壤。对于城市，画廊的连续建筑物（160 米长）结合画廊背后的异构的现有建筑组成一个有凝聚力的城市单元。这个城市单元伴随着雕塑花园为校园创造了一个绿色边缘。两层楼高混凝土单片体建筑从校园北部坪用野牛草地形处出现并徘徊在南部庭院入口处上方，它似乎是一个城市空间跳跃。

美术馆举办的展览空间、文博会学院、车间和礼堂，构成了 Deichmann 广场的主要户外活动。因为广场是被指定要适应密集的青年和学生，首选的解决方案是为植被分配有限的地区。广场与

各种元素露石混凝土的设计在触觉和视觉上都与周边建筑有着联系，强调出他们的共同特征。

广场作为一个集成混凝土路面，植被和照明与混凝土长椅和随机分散的树木的地毯。这带的植被包括草坪、Equisetopsida 和季节性植物。

要实现的第一阶段是Deichmann广场，Negev 美术馆紧随其后。

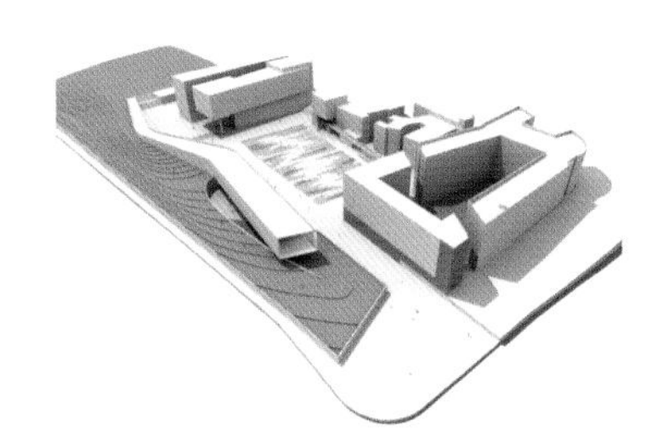

联合国广场的重建

Renewal of Place des Nations

项 目 名 称：联合国广场的重建
项 目 地 址：瑞士 日内瓦
项 目 面 积：34,000 平方米
设 计 公 司：Christian drevet architecture

开放和调整

联合国广场是大量的国际组织坐落的日内瓦地区的核心。

由于其象征性位置，联合国广场一年到头都是诸多事件的发生点。广场上矗立着一把缺了一条腿的巨大椅子，突出了地雷对平民的伤害，这个雕塑成为了标志性建筑。虽然对大多数人来说联合国广场仅仅是一个他们在日间经过的广场，而不是一个在晚上拜访的地方，不过它的大小和象征价值使其成为日内瓦的一个重大的公共场所。

在被拒绝后，联合国广场的发展在新的领域开始了研究。最后被决定的是这个广场应该保持为一个人们可以在哈特国际城市日内瓦会面和举行示威活动的公共空间。

重建后，以前那个相对较小的长满草的有许多车道环绕的广场变成了一个巨大的供行人散步的场地。

被两个主要道路分开形成了日内瓦的中心，这个滨海艺术中心由 3 部分组成：

•包括在之前项目还存在着的 UNO 栅栏的旗帜巷。

•民主集会及表达世界民主的中央主要空间。

•用来生活和休息的国家花园

新广场引人注目的特点是路面设计、喷泉和照明。铺路石的花岗岩来自 20 个国家，是在日内瓦有着阴影彩虹的颜色，与混凝土的中性色调的传统建筑材料。喷泉没有喷池，由 7 行 12 股可变喷雾模式的水柱组成。

在中央空间“横向”喷气和著名的日内瓦“垂直”喷气相呼应。它创建了一个允许抽象的反抗周围交通和不朽的象征的娱乐氛围。它在同一时间把不朽和熟悉的感觉联系在一起。

联合国广场的照明在开发项目中是不可分割的一部分。交错的舞台灯光投在地上，衬托出不同颜色的花岗岩铺成的道路。一边沿着广场照明，定义了其局限性和伴随的行人。花园照明继续烘托着边沿的气氛和欢快的植物，成为了大自然的奇观。

René Cassin
Prix Nobel
de la Paix 1968
Artisan de la Déclaration
universelle des droits
de l'homme 10.12.1948
Fondation de la santé
et des droits de l'homme
Fondation René Cassin
«8 février 1969»
OMPI
WIPO

西首尔湖公园
West Seoul Lake Park

项 目 名 称：西首尔湖公园
项 目 地 址：韩国 首尔
景 观 设 计：Prof. Byunglim Lyu
设 计 公 司：CTOPOS
设 计 师：Sehee Park;Chihun Kim, Hyejin Cho, Youngsun Jung, Saeyoung Whang, Miran Lyu

我们的核心设计理念为再生、环保及沟通。旧边界阻隔了公园和社区，将重新设计。新公园将更方便进入，会促进与当地居民的交往。

首先，公园已经被打造成"开放的文艺空间"，既体现出地区特色和城市文化的多样性，又利用当地环境为公众打造以自我组织为特点的文化圈。

其次，为了结合自然、文化和都市风格，打造"城市生态"空间，园区保留了现有的自然地形和景观。我们利用该地区的环境因素，为本土文化活动打造空间，并向公众开放。

第三，公园将以各种丰富的活动和特色节目聚拢游客，使之成为名副其实的"人民公园"。它是属于老百姓的，在其间每个人都可以参与和交流。该公园还是开展生态教育的学校，它告诉人们自然环境中的水和森林，风景保护和自然研究的价值。我们的项目和环境鼓励不同社会阶层的沟通。

第四，公园的前身是一家净水厂，现在脱胎换骨成为"城市文化基地"，旧厂房的材料竟然被重复利用，创造性的方法将原始的自然改造成为新的生态功能空间。

International Airport Runway
Han River
Site

John E.Jaqua 学术中心

John E. Jaqua Academic Center for Students Athletes

项 目 名 称：John E.Jaqua 学术中心 for Students Athletes
项 目 地 址：美国 尤金

“放在被水边白桦树包围的黑色桌子上的玻璃箱里的玻璃盒”是新的 John E.Jaqua 俄勒冈大学的学术中心。但是它是一个纯粹的极简主义建筑和园林表现。在这里， 城市生态功能的理由是生活景观。这样场地和建筑之间的阴阳关系是明确和坚定的。有着非常静态的玻璃面，反映出所有的季节性变化和大气环境的景观的主要是原生植物，非常有序的安排模式，包含所有的元素和一个健壮的“自然”景观的多样性。

设置和建筑是互补的。玻璃墙壁，直接从室内房间借采用玻璃幕墙反射背景的景观做风景。强烈的几何平面的人行道、广场和水池超越了它们自身，整合内部、外部和自然空间为一个无缝的整体。凸起的花岗岩阶地和黑色表层通过打破内外之间的膜来捕获经典现代主义幻想，但水的表层超越了土地，来调解桦树和天空，使它们协调地进入建筑内部。

水的黑色反射面围绕着 4 个方向的建筑，一个优雅的小幅的线性白桦树林。桦树和相关的植物群落属于生物过滤系统的项目。亲切的石头入口广场侧面大楼的南面，为学生聚集提供了一个阳光明媚的地方，也建立了强大的建筑的基座。位于俄勒冈大学的校园，一个主要入口的放在被水边白桦树包围的黑色桌子上的玻璃箱里的玻璃盒将成为一个背离传统的校园景观的标志性建筑。

湖滨公园景观设计
The Park at Lakeshore East

项 目 名 称：湖滨公园景观设计
项 目 地 址：美国 芝加哥
项 目 面 积：4,000 平方米

在密歇根湖与芝加哥河交汇处的芝加哥小镇上有一个耗资40亿美元打造的社区，其中，位于湖滨东岸的公园成为了这里的亮点，自竣工以来，公园在社区中一直发挥着重要的作用，同时也昭示着景观设计所带来的无限生机。

景观设计师在初期就参与到了该项目的整体规划中，并制定了对于公园的设计和开发具有指导意义的开放空间的设计总纲，构建步行环境的关键挑战是建设三层交通系统——过境车辆走下层，本地车辆走上层。

三层交通系统使南北场地产生近25度的悬殊坡度。设计师针对这一情况巧妙地设计了一个与格兰特公园紧密相连的眺望台，站在台上，公园的风景便一览无遗。广场上极具抽象艺术风格的小路是广场的轴线，从大块石灰岩阶梯铺设开来，贯穿整个广场，一直延伸到北侧的一个小广场里。广场设计充分利用模型学和几何学，沿用一贯的轴线延伸的格局形式，同时利用一排排花岗岩矮墙和

各种林下植被打造出景观的立体感，在轴线上种植了"Cleveland Select"品牌的梨木，使得广场的格局更加清晰。

两条宽阔的东西走向的小路的设计灵感来自于密歇根湖上帆船的曲线，小路贯穿整个广场，每条小路上都设有5座喷泉，是该项目的主要通道。红色花岗岩矮墙里嵌入不锈钢水槽，水流经过这里流入满是粗糙大石头的水池中，又落入下面的不锈钢水槽中，可以在炎热的夏季为行人降温。到了冬季，喷泉里没有水，露出大块的花岗岩石头，看起来仿佛雕塑一般，形形色色的植被随季节的更替不断变化，并点缀着广场，彰显了芝加哥的园艺史，西侧的水景花园旁和步行小路的两侧都是绿化带，与整个广场的布局十分协调。

RENT NOW

乡村别墅公园和散步广场

Landhauspark and Promenade

项 目 名 称：乡村别墅公园和散步广场
项 目 地 址：奥地利 林茨
项 目 面 积：20,000 平方米
设 计 公 司：el:ch landscape architects

项目建筑场址的外观布局在 1800 年形成，当时整个城市的大部分被一场大火毁掉。城池的围墙被夷为平地，然后这块地方进行了园艺设计。20 世纪的交通发展对该空间起了负面作用，它基本上变成了一条机动车通道。步行只限于一些狭窄的地方，挨着两侧的楼、停车场和一堆杂乱的物品。

上奥地利州政府和林茨市委员会同意共同努力修建一个地下停车场，对整个地方的外部进行重新改造。随之而来的设计竞赛纲要要求参赛者为该场地打造出一种鲜明的特色，给各类用户群体提供可用的空间，但对散布在整个园区那些无序排列的树要予以保留。

初步实地考察之后，我们很快意识到：这块空间的特征就已经在那儿了，只是在设计上层层眼花缭乱的补充添加和在比赛要求的掩盖下变得模糊了。在这块 L 形场地的南边和西边我们发觉到了浓重的都市景观，在北侧和东侧边缘栽着许多迷人如画的树。一边是散步广场的都市气息，一边是绿色公园的乡村格调，这种双重风格

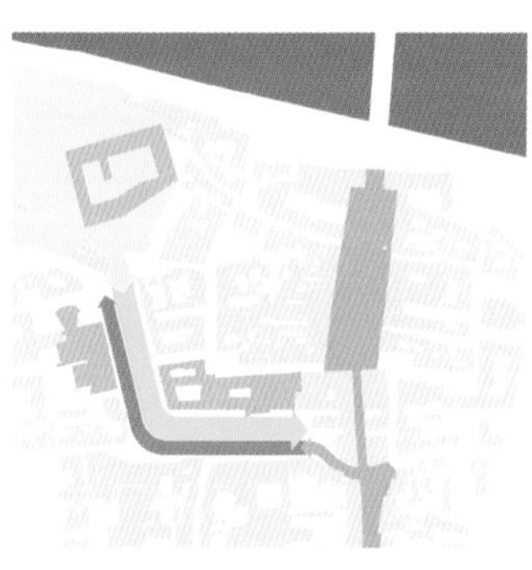

正是我们努力向用户们所传达的意境。

两边的特色互为补充：公园与附近的城堡山相连，给散步广场和乡村别墅提供了绿色入口；散步广场像一块铺设城市的地板向城市的主街延伸，街边是独一无二的建筑。

Levinson 广场景观

Levinson Plaza, Mission Park

项 目 名 称：Levinson 广场景观
项 目 地 址：美国 波士顿
项 目 面 积：2,787.1 平方米

设想作为一个城市的小树林，这个中心的聚会空间代表了社会的多样化融合，混合收入，住宅发展。该设计容纳了一个复杂的程序，分层的多样多元文化与跨代的使用，一些有意义的聚会和休闲空间。太极、象棋、儿童游乐区和沉思休息区允许各种团体对公园空间进行不同方式的应用。草坪区可以在夏天日光浴，也适于较大型的聚会，如为庆祝中国农历新年，俄罗斯团结日，以及其他文化和公民活动灵活使用。

广场的景观设计侧重于提供给 Mission 公园一个借鉴来自新英格兰地区的花园精神的景观。广场采用的路面材料，可忍受漫长的、具有挑战性的冬天，而图案本身是基于住宅景观的人字形图案设计的。广场模式将聚会和通道的区域缝合在一起，同时带来了这一大的广场空间。在花园里的铺砌区雕刻出来的小树林，可以直接进入主要的切入点和公共交通。

种植由在新英格兰自然生长景观物种组成。存在的植物应能够

承受城市提供的苛刻条件的；大风、冬季盐的应用、土壤条件差、以及空气 / 土壤大的温差。设计考虑到解决居民对 Huntington 大街——拥挤的主干道容纳火车和四车道车流带来的视觉与听觉影响的关注，由河桦木和榉分层围篱过滤了这些城市条件，同时保持了整个空间的视觉需求。

这个 30,000 平方英尺的项目设计创建了一个舒适的户外环境。之前定义的中央凸起广场，空间被暴露在附近交通和列车拥堵的 Huntington 大道。该地区的重新设计消除了等级的变化。为这个社区的居民建立了一个普遍可访问的风景区，同时利用丰富的植物基础，允许多种类型的活动在不同的花园同时发生。树木树冠的分层，植物床和铺设路面的分层夯实了广场的团结性和民主性。

主广场遮阳结构

Main Plaza Shade Structures

项 目 名 称：主广场遮阳结构
项 目 地 址：美国 圣安东尼奥
项 目 面 积：1,033.3 平方米
设 计 公 司：Rios Clementi Hale Studios

Rios Clementi Hale Studios 被委托创建檐篷提供遮阴，让年轻的替换树木生长在其中。经过与市长和城市历史及艺术委员会的讨论，建立了一个恰当的平衡，树干措施将产生的很多文化影响，同时提供一个互补对位给历史悠久的教堂建筑。该设计遮阳檐篷的灵感来自 San Antonio 的手工制作传统和丰富的多元文化和种族历史。檐篷的审美特征被认为是一个通过树木与结构体系的编织丝带。

Ojos de Dios（编织上帝的眼睛），papel picado 彩色穿孔纸工艺和土著纺织品设计提供了灵感给色彩的重叠频段和雕塑角度，而二分形式经历在 Mission San Jose 的棚架和拱门下明确了空间的品质。每个篷创建了一个平均 800 平方英尺的遮阴区域，使用五颜六色的编织布带以及一系列的雕塑形式。它们提供了根据观众的位置，以及美丽的影子模式，与太阳的位置改变，从而改变时空的视觉感受。

创新的个人倾斜面板系统设计有几个好处，使他们在经济上和

环境上是可持续的。他们很容易而且较便宜地保持，如果一个阵列面板损坏，只是那一个直线面板需要更换，它的颜色不需要与其相邻处相符， 因为多种颜色的安排。该面板系统在结构上减少了风荷载，允许足够的微风吹过，来保持阴凉空气循环和凉爽。该面板角度在夏季最需要的时候提供了最密集的树阴，在冬季让更多的阳光透过。可移动的桌子和椅子可以让人们在任何给定时刻坐在最舒适的地方，如他们所愿而聚集。具体的方案里阴影区被选为休闲座椅，以及观看表演的最佳位置。

钢雨棚结构设计成为一个零件各组件和在当地制作厂提前生产出来的装配细节的用具箱。预制结构缝和细节被设计成可以在现场进行快速和简单的装配，当地的生产在经济上和环境上降低了运输成本。现成的零件被用来尽可能地降低成本和维护的详细信息，如螺丝扣张紧系统便于维修和维护。

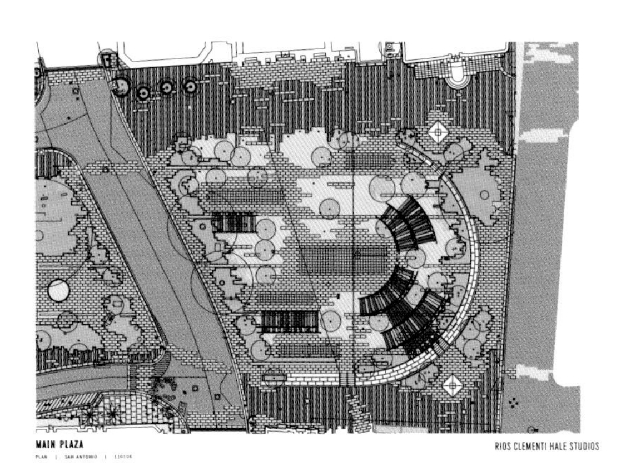
MAIN PLAZA
PLAN | SAN ANTONIO
RIOS CLEMENTI HALE STUDIOS

墨尔本国际会议会展中心

Melbourne Convention Exhibition Centre

项目名称：墨尔本国际会议会展中心
项目地址：澳大利亚 墨尔本
项目面积：10,000 平方米
景观设计：澳派（澳大利亚）景观规划设计公司

应 Plenary 集团、Multiplex 公司及 Contexx 公司的邀请，澳派（澳大利亚）景观设计工作室为墨尔本会议中心及南码头公共区域提供景观设计。墨尔本会展中心是全球第一个六星级的绿色建筑。

公共区域景观设计的范围包括：

会展中心、酒店、零售区、住宅区、公共广场、滨水人行道、会展中心公园的改造与重建、历史景观的利用与重建。

公共空间景观设计的主要原则有：

保证地块内全天候的便捷通行；设立清晰的人行道和自行车道系统；打造雅拉河畔滨河景观；为居民、游客、购物者、参观代表等不同的人群提供不同的功能设施；处理会展中心至雅拉河的连接与通道；将包含所有的遗产元素。

公共区域铺地：

路面主要的铺装材质是青石，其次是再生花岗岩铺地，以及高档混凝土铺地。其他小型区域和周边地区采用不同的铺地材料，

如小鹅卵石、花岗岩格、乔木周围可渗透铺地、彩色混凝土铺地和沥青等。整个商业区使用的可触知的铺地，标出危险区域，上下台阶和过街人行道，方便盲人的使用。

植被选用原则：

延续雅拉河林荫道使用的植物类型，采用水量吸收少的植物、大树冠且可遮阴的植物，夏日遮阴、冬日透光的植物。

澳派工作室为在本项目中对环境作出的努力感到自豪。在会展中心的景观设计中积极融入了环保的做法，收集场地内的雨水，处理后用于卫生间用水、植被的灌溉和建筑的降温。

Ocean County 公共图书馆

Ocean County Public Library

项 目 名 称：Ocean County 公共图书馆
项 目 地 址：美国 汤姆斯河

本案旨在作为一个公共社区空间和视觉地标，景观和雕塑装置在 Ocean County 公共图书馆象征着该机构的知识和以社区为基础的功能。如信标引导游客到图书馆门口，激光切割钢灯笼在庭院内被固定了有到街道的直接关系，来指导游客到图书馆中。设计庆祝了重要的民间具有里程碑意义的扩张。

这个国家认可的图书馆一直既是一个砖和砂浆建筑机构又是一个移动图书馆，确保海洋县居民多样化的学术生活。图书馆前的主广场位于沿华盛顿街主干道 Toms 河社区的心脏，是连接到现有的历史性图书馆的新建筑的一部分。附加综合性的新技术，把信息传达给社会。这个充满活力的广场新入口的设计汇集了过去和现在，认识到移动机构的良好旅行路径，同时反映图书馆在数字化时代的信息化模式。

该项目创建了一个开放的庭院空间，鼓励公众使用，并建立了一个正式进入 Ocean County 公共图书馆的入口。该项目的范围包

括全院的设计，以及公共艺术的设计和整合，这将涉及到社区内图书馆的角色。强调运动和信息的途径，纵横交错路径的定向铺路加强了机构和社区之间的联通关系。铺就的广场的集成是定制设计的雕塑，使彩灯在夜间照亮道路，引导游客进入图书馆。

在穿孔的不锈钢和分色丙烯酸中包裹，华灯上的条形码图案代表了数据和数字信息网络传输。广场内雕塑的位置和道路行径的角度关系创建了动态和引人入胜的空间转换。随着时间的推移，这些空间的转移光物质将继续闪耀，鼓舞和邀请跨代游客参与。

首尔沉石花园
ChonGae Canal Source Point Park: Sunken Stone Garden

项 目 名 称：首尔沉石花园
项 目 地 址：韩国 首尔

该项目坐落于首尔中央商务区两个城市超级街区中，ChonGae运河的主要源点。该设计是由个别石雕组成的，象征着南北朝鲜的九个省份的未来统一，并庆祝着清洗地面和从城市等级分径流源点。 来自省采石场的石头，框定了城市广场，同时使公众直接进入到水缘。 这条运河的设计可适应洪水季节，它的出现随着石头被淹没或再现而改变。

ChonGae 运河项目是由首尔市负责的宏大的水道重建工程的一部分，该工程的目的是恢复被在同一水平面上接近四英里的拆除所严重污染和覆盖的水道，并且增强辐射整个城市的高速公路基础设施。城景观设计师设计了这条走廊内的两个超级街区。其他街区是当地景观设计师和 Army Corp 的工程师设计的。 其结果是创造一个步行走廊，把人们从前面的车辆通道带入这一历史性 ChonGae 水路走廊。

ChonGae 运河项目坐落在这开始于商业中心和城市商业中心

区的 7 英里长的绿色长廊的入口点。 这个国际性竞争项目的设计是要在这两个街区内创造一个对未来南北朝鲜重新统一具有象征意义的城市公园。该 ChonGae 运河项目建议书通过当地材料的使用和九个水源来确定九个省份。 石材开采区域从九个区和九个水源以及光纤来强调重建和恢复水道的合作努力。个别石头框架了运河的九个源点，代表了在这个城市中心改造统一的努力。

设计被水位随时间和季节的变化所引导，同时解决在季风季节发生的特大洪水。独特的倾斜和加强的石材元素允许在人们任何水位时进行阅读，并鼓励公众积极参与。 这个区域的恢复是这个 7 英里的走廊主要重建工作和当前的宏伟建筑来框定这个自然流域到城市的重建项目的第一步。

除了环境恢复工作，这已成为城市景观区愈发需要的中央聚集的一个开放空间。 二类水的质量水平已经允许家庭来重新结合这一历史性的河流。 在传统新年、政治集会、时装表演和摇滚音乐会这样的特定事件中，广场和水源区以创造性的方式得到重新定义。

Chongae 运河的历史

历史上，ChonGae 运河是从周围山上采集排水的自然形成的河流。 该河流是首尔于 1394 年选定为韩国国会的原因之一。 水和在每个城市边缘山的周边保护，使首尔成为韩国的政治、文化和社会中心的理想地点。 在过去的 450 年，排出的废水和未经处理的污水直接排在 ChonGae 河。 随着人口的增加，在首尔演化的日益严重，这条河成了一个严重的卫生和健康问题和贫困的城市象征的来

源。从 1920 年到 1937 年，日本占领朝鲜期间，这严重退化，污染的河水被覆盖，它周围的临时棚户区被拆除。在 20 世纪 60 年代中期的一高架桥跨河而建，使河流进一步掩盖其存在，并将城市分开。

Chongae 河的振兴

振兴这一具有重要历史意义的河是从在整条水道重建的源点处的两个城市超级大街区的设计比赛中开始的。Chongae 运河工程是未覆盖的水道源点 7 英里内的一部分。我们与 Seoul Army Corps 的工程师密切合作，在减轻污染的条件下，既着眼于解决一旦发现被困井下气体，又是对在洪水最高条件管理要求下新的保留和净化的基础设施工作的挑战。地表雨水径流和路基收获并进入 ChonGae 水道，而污水被转移到一个单独的污水净化系统。

从源头上，设计可容纳在季风季节的城市 100 年一遇的严重洪水淹没的问题。地表径流和地铁站的地下供水以 22000 吨 / 日的速度排入 ChonGae 河。高达 75000 吨的水，在旱季，每天从汉江抽来帮助中央废水处理厂的输水并通过城市的水进入汉江。

整体来看，这个项目通过增强该地区的风力有效地降低了空气污染，同时也缓解了在河道改造前存在的热岛效应。清溪川的生态系统也救护了该地区的 213 种新的鸟类、鱼类和其他有机物种。净化系统使水质上升至二级额，公众可以放心地接触水源。

沉石公园是辐射韩国首尔方圆 5.8 千米的娱乐区的源点。水道恢复项目的其他部分和上游广场的设计是由其他团队完成的，并未获得 ASLA 奖。

BENNIGAN'S

保利国际广场
Poly International Plaza

项 目 名 称：保利国际广场
项 目 地 址：广州

保利国际广场是一个创新的办公和展览中心的发展在中国的商贸区位于广州。 选址珠江沿岸，毗邻历史悠久的琶洲寺公园，该项目提出了对整合其站点和发展脉络，拥抱的花园和社会的可持续发展走向现代化的快速移动位置的先例。 其结果是一个惊人的现代美学的交互效率和大自然的美丽与永恒的元素。

在中国广州，57 公顷土地，提供办公和 180,000 平方米的展览空间，是位于城市的新的展览和贸易区的一部分。 珠江之间的历史寺公园位于琶洲，物业曾于直接链接到珠江水道，农业等领域。这条河的情况下，随着网站的农业历史，该地区的热带气候，客户端的中国园林的审美，我们的首要愿望是创新，可持续，都汇聚到现代景观设计的影响。

该架构的一体化设计和现场拥抱可居住绿色和可持续发展战略。 由两个细长的北 / 南面临着低矮的建筑物加上晶圆塔平台，架构是围绕一个大型的中央对角庭园抵消。 这个建筑配置和集结捕捉

现行的微风，引导他们通过中央花园。作为一个广泛的建筑基座部分，是提高整个苑 1.5 米，以加强其海风的影响。檐形成一个连续的建筑在花园四周的外围露天庇护大堂。灌输的冷却效果，水面进行战略性配置为从事这些微风。在季风季节，部分水道旨在保存和传达整个网站暴雨径流。

大量的建设项目级以下，位于现场翻译为更多的绿地。除了从有限的访客停车区，展览和停车位大多数是凹进级以下大型卧式结构。大约三分之一的地盘景观三是发展成为屋顶花园。为了满足预期的行人使用，密树种植园建立了显着的树冠的阴影大部分的地平面，积极减少热岛效应。要大力支持和维持一个树冠，一条 1.5 米土层提供了超过许多这些结构。建立广泛 allées 树木周围的建筑框架和有效的遮阳黑幕的西部和东部的建筑物外墙基座下。这种绿色树冠外围百叶窗形式跨落客和访客停车区遮阳板，每个塔正式解决其临街。

建筑物的配置也建立了两个偏移到中央花园的重要门户。除了设置对角，这些门户目前突出的景观和河流，寺庙公园以外的方向。从东南，庙园的树林景观变成了"借景"作为网站的视觉与林地种植园合并以后。来自西北门户，坐在上面有盖铜锣湾中央花园的俯视加强流域里弗加登斯领域和溢洪道。因为这些领域和盆地轻轻地对珠江级联，他们合并以后的河流和暗示过去的稻田。它们是相互关联和现场服务等领域的过滤和渗透。北入口亭，台，喷泉和低墙的形式，从河及其滨河公园项目的门户。利用它的长横水射流，这些水从墙上的水流域进行了一系列的横向水面纱和领域。

为响应客户对中国园林欣赏，中央花园揭示了对文言园林当代情感。我们试图捕获顺序和园林特质和游行的，多样和令人愉快的，阴阳。一个园林墙，一步路，石板材，座椅，当地植被矩阵，和水进行分区和互连策划，园中个别的时刻。跨越了网站，一个伟大的手掌博斯克和喷泉甚长槽正式联系的主要南入口到北塔。

在花园里，线性喷泉喷泉成为釉面槽，让自然光下到下面的展览空间。露台的木材用手掌博斯克相关服务为中心聚会空间，同时也保护了连续土壤层以下。水释放出来，正式开始了一个连续的喷泉水流域／花园之旅。获释后，水是首次透露的水法庭，然后作为一个石头花园内蜿蜒的河道，并拼接与淹没堰不锈钢盆旁边，直到它最终 spils 了加强流域上，田野，河流超越。

这是一个协作的精神贯穿于设计过程。一个建筑师，工程师，建筑师和景观美国的设计团队，他们曾效力多年广泛的合作，为密切协作和互动设计过程中不允许的。团队一起从事客户的目标和方案的可能性和该网站和上下文的潜力。当在与客户和当地政府达成共识的设计，设计团队互动与当地中国设计机构和承包商在记录和实施最终的设计。

租售中心
lease

墨西哥中心花园
Radial Garden Mexico Historical Center

项 目 名 称：墨西哥中心花园
项 目 地 址：墨西哥 墨西哥城

径向花园是专门为 Saint Francis 的中庭和和墨西哥城市中心 Torre Latinoamericana 设计的三个植被措施的一个系列。在这里，现在，径向花园连接着从植物生命派生出来的不同的空间和时间维度。"这里"是由在 Saint Francis 的中庭所呈现的建筑元素确定的，而"现在"是指临时的在此刻体现自己的纹理：这些瞬间链接着之间是什么，以后会是什么。空间和时间的概念只有单独存在才会显而易见，这就是生命。植物的生命移动时联系着多个细微变化，人类生活在历史中介入了自己并创造了历史。JeronimoHagerman 花园被看作一个在不同规模、不同观看方式占用和空间内生活之间的邂逅中创造出来的独特时刻的十字路口。这个装置后来被改编为两个空间：目前正在建造的 Santo Domingo 和 Callejón de Mesones 寺。每一个新的环境以自己的方式变换了这块地，为观众创造出不同的活动方式。

Rolfsbukta 住宅区

Rolfsbukta Residential Area

项目名称：Rolfsbukta 住宅区
项目地址：挪威 奥斯陆
项目面积：54,000 平方米
景观设计：Bjørbekk & Lindheim

Rolfsbukta 是 Fornebu 东北部的一个海湾。古老海港上可以直接与大海接触的住宅区很少，而此处就是其中一个。

项目的早期制定了一个决策，就是加强海湾与大海之间的关系，因此修建了一条通向海湾的水渠。为了尽可能地接近水，我们计划把水渠内部的 2/3 作为淡水水渠，而剩下的 1/3 作为深水咸水水渠，两部分由一个瀑布连接在一起。

围绕浅水水渠内侧而建的住宅区 Pollen 已经完成，一个巨大的水池，一个有踏脚石的池塘、一个柁墩和一个喷泉构成建筑两侧的景观。水面的一侧由一个浇筑的倾斜混凝土坡道围合，另一侧有一些台阶，通往 20 厘米深的水池。水渠周围是观赏禾草和柳树形成的整齐匀称的河床，周围采用不锈钢框架，与定做的烧烤区使用的材料相同。水池周围有一些用浇筑的混凝土建造而成的座位，木质的铺面嵌入混凝土之中。砾石中还种植了一些树木，与长桌椅一起形成一个大平台。

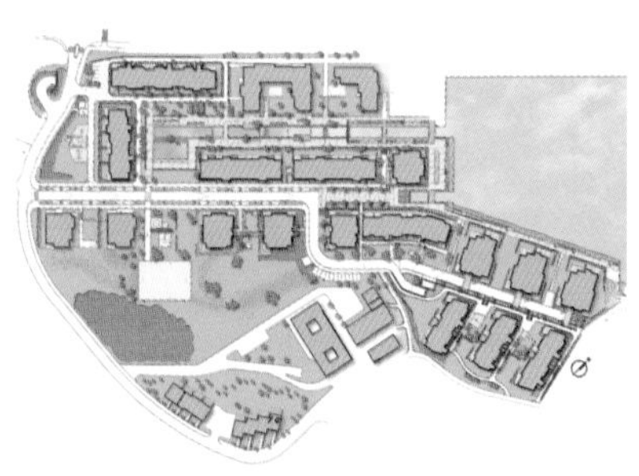

座位、“小岛”和桥从下面被照亮，夜幕降临时仿佛漂浮在空中一样。种植箱、平台、“小岛”和喷泉喷嘴的基座上都设置了照明，直接照向树木。

水渠附近还种植了各种柳树和樱桃树，以及一些观赏性植物。

一期的第二部分，Tangen 和 Marina，位于更远处的 Rolfsbukta，也已完成。带有散步道的码头这一主题成为住宅综合体的基本部分，住宅综合体由 6 栋楼组成，位于一个朝向海面的西南向的斜坡上。你可以把船停泊在这里，沿着海湾散步，来到海湾的最远端。这个阳光充足的西向滨水区是为娱乐而设计的，浇筑的混凝土堤坝提供了台阶和座位。

Marina 1

Surat Osathanugrah 图书馆和东南亚陶瓷博物馆

Surat Osathanugrah Library and Southeast Asian Ceramics Museum

项目名称：Surat Osathanugrah 图书馆和东南亚陶瓷博物馆
项目地址：泰国 曼谷
景观设计：Landscape Architects 49 Limited

Surat Osathanugrah 图书馆是曼谷大学泰语部的主中心图书馆。图书馆前方的开放空间坐落着东南亚陶瓷博物馆。在泰国古都素可泰发掘出的有 700~800 年历史的宋加洛陶器产于古都城周围的窑房，在当时对出口贸易中具有重要价值。为了保证参观者进入博物馆的体验，又不遮挡人们投向图书馆的视线，景观设计师和建筑师决定在较低的地层建造博物馆。这样，参观者就能够体验到制陶厂是如何被发现的。被挖除的层层泥土覆盖着起伏不平的草坪，地下的宝藏自然而然地显露出来。

这些景观在视觉上连接了图书馆一层的主要开放空间，这也是学生的集合空间。水文要素被引入以映射图书馆的景象，并沿着通向博物馆的坡道形成了一个瀑布。校园的主要人行道有两条路通向博物馆，一条位于博物馆的中心，步行台阶逐级向下至户外座位剧院和草坪带的结合处。第二条是为残障人士设置的斜坡小路，从有着跌水的曲墙和砖墙间穿过 ,它们唤起了人们对古代陶瓷窑的回忆。

大部分活动和空间被设计在地平面以下，或者是隐藏在平常的街道和步行平面下，通过与图书馆的多种距离创造出不同的视觉效果。当逐渐靠近时，会使参观者增强“发现”的感觉，就像考古学家挖掘找寻埋藏在地下的宝藏一样。

หอสมุดสุรัตน์ โอสถานุเคราะห์
Surat Osathanugrah Library

悉尼奥林匹克公园 Jacaranda 广场

Sydney Olympic Park Jacaranda Square Landscape Design

项 目 名 称：悉尼奥林匹克公园 Jacaranda 广场景观设计
项 目 地 址：澳大利亚 悉尼
项 目 面 积：5,000 平方米
景 观 设 计：澳派（澳大利亚）景观规划设计公司

装饰性彩色砖墙，混凝土材质的长椅，色彩缤纷的雨篷，循环再造砖块的铺地，本土的树种与一个大型的绿地空间，构成了悉尼奥林匹克公园令人难忘的新社区空间。

Jacaranda 广场，“天天运动场”是悉尼奥林匹克公园第一个新的公共空间，属于悉尼 2025 年远景规划的一部分，在奥林匹克遗址内建成一个生动积极的环境可持续中心。澳派在此项目荣获设计竞赛第一名，项目是由一个能力卓越的景观设计师、建筑师和地质学家的设计团队共同完成。

项目的主题是设计一个供人们静态休闲和市民聚会的新都市公园。公园的主题“天天运动场”就意味着这个新绿地是奥林匹克精神的传承，同时也是设计概念的表述。共由 3 个元素组成：一个大型中央开放空间，围墙和座椅，以及大型的遮阴设施——一个建成的遮阳篷和高大树冠的乔木组成。

项目设计广泛使用砖块，部分原因是场地接近霍姆布什砖窑的

旧址，而且砖块的运用能给公园产生一种动态的、充满质感和色彩缤纷的效果。 广场外围围墙使用彩色釉面砖，与澳洲 Gertrudis 地区的风格互相融合，展现一种鲜明的视觉效果。

通过 4 种不同颜色的砖块，形成一个点状的特色图案。在楼梯和斜坡使用南威尔士洲独有的 Bowral 50's 系列砖块，形成铺地的亮点，也营造出从圆点发射出光线的视觉效果。

咖啡厅附近区域的硬铺区域使用环保砖作为修饰用途。环保砖的质感可以软化周围预制混凝土给人带给的生硬的感觉。

广场最终呈现出色彩缤纷，清洁和绿色的视觉效果。设计包括一系列规格化的预制混凝土休息套房；颜色丰富的绿色遮阳篷；特色彩色釉面砖铺面的围墙、本地的树种，构成了广场独特的景观效果。

在广场的设计中综合了一系列的绿色生态理论：一个环保砖铺装路面，使用循环再造的材料，收集雨水用于灌溉，从而从真正意义上做到环境和社会可持续发展。

这是一个“完美的项目”，成功显示景观设计、工业及平面设计与建筑设计的完美结合，是一个充满智慧、令人难忘的开放空间。

Wesley Quarter 景观设计

Wesley Quarter-
Laneway and Public Realm

项目名称：Wesley Quarter 景观设计
项目地址：澳大利亚 Perth
客　　户：Uniting Church of Australia

文物保护工程

与公共领域的升级相结合，团结教会承担 Wesley 教会文物保护工作。公共领域的接口需要认真考虑并注重细节，确保建筑物的整体性依然存在。如建筑的保护、防水、DDA 合规性和公众的安全问题是最重要的考虑因素，需要由景观建筑设计团队在公共领域的设计中解决。

照明设计

除了文物保护工作，教会和 Perth 遗产，委托遗产外墙显著的外部照明，集成了景观照明担任显著补充作用角色。向上照明、立面照明和下基座照明，采用高效节能技术，有助于建立一个全面的界域信号来展示这一具有里程碑意义建设的重要性。

零售店设计

有助于 Wesley 城区成功的是在 Wesley 巷道及附近街道前的时装零售商店。把重点放在就地激活，连同增加的人流有助于确保零售业务的成功，正如在任何繁忙的城市，成功归功于公众"购物"舒适和方便实现。在 Wesley 城区，商业上的考虑都精心地与公共

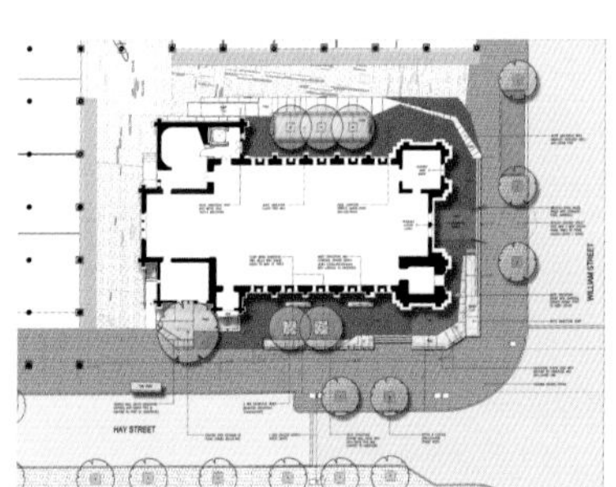

领域的需求相平衡。零售产品都没有明显说明，专用区的整体形象整合邻近教堂的文化意义舒适地坐落在那里。零售店不占公共空间的主导地位，并且也考虑了他们敏感的周围。

地下室结构制约因素

下方的巷道是连接停车场和进入教堂电梯的复杂的地下室结构。该地区的显著部分位于现有结构楼板的顶部，需要仔细地集成和设计，以确保保留其完整性。此外，该工程跨越的重大的施工教会工作需要解决。设计认识到了这些约束和并灵活响应，以确保最终的无缝构造。

REN MILLEN
ENGLAND
city

波特兰 47 号街区

Nr.47 Block Portland

项目名称：波特兰 47 号街区
项目地址：美国 波特兰
设计公司：Lango Hansen Landscape Architects Firm

47 号街区的临时景观把一片用于停车的空地打造成了一个草木茂盛的城市花园。设计理念来自这里的历史税区地图，在跨越了100 年以后，这个税区地图演变成了一幅由植物、表演空间和座位区组成的组合图画。花园采用本地草类、从拆毁的当地建筑中回收的材料、砾石和石材，将色彩、肌理和材料编织在一起。在花园的中心位置有一个石堆，强调了这个地区原来的一个砾石厂，不禁会使人想到瓦砾堆。场地从北向南倾斜 8 英尺，突出了不同花园房间的层次感。花园选用园林植物，在一年四季中打造出变换的四季景象。随着时间地推移，草会蔓延到周围的地块，花园也会不断扩大，打破原来的地形。5~10 年后，这个花园就会被拆毁，用来建设大楼。

在周围繁忙的交通走廊中，像这样的花园空间很少。附近的很多商业人员都把这个花园当成放松的场所，有些还会在这里吃午餐。

笋岗片区中心广场

Sungang Central Plaza

项目名称：笋岗片区中心广场
项目地址：深圳罗湖区
项目面积：9,500 平方米
景观设计：都市实践
设 计 师：孟岩

大面积的仓储、物流与批零商业混合区是当前城市的一种片区类型。在这种片区中，存在着比普通街区更大面积的裸露空地，笋岗中心广场基地便是其中一个典型。笋岗片区项目是在原设计的地下停车场已施工到了一半以上的情况下，在尽量较少影响施工进度的条件下，重新设计的广场表层，推出一个吸引人的市民空间和大型地下停车场。

整个广场表面被设计成一张薄薄的膜，仿佛是轻轻覆在已有的地下结构之上。原有的下沉广场形成了自然凹下的表面，这样一方面减少了覆土厚度，不致影响地下结构，同时也提供了更为直接的进入地下空间的方式。我们设想在地下局部设立小型展览和活动空间、公共洗手间等配套空间。用地北侧几个用玻璃、木材、钢板等材料构成的构筑物，有的作为进入地下空间的公共入口，有的可容

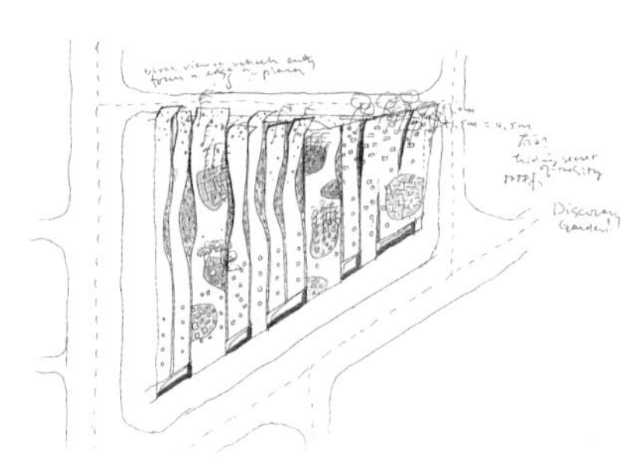

纳小型商业设施。5 个花岛漂浮在空旷的广场之上，辟出了几个小尺度的亲切的活动空间，它们各自具有不同的主题，却用其表面肌理强有力的方向感引导人的活动，以此把用地南北两侧的街道连结起来，与地表流动的线条一起编织成一方城市绿洲。

爱家床垫

巴塞罗那 Paseo Garcia Fària 景观带

Paseo Garcia Fària, Barcelona

项 目 名 称：巴塞罗那 Paseo Garcia Fària 景观带
项 目 地 址：西班牙 巴塞罗那
项 目 面 积：49,207 平方米
景 观 设 计：Pere Joan Ravetllat Mira，Carme Ribas Seix

本案是一个旨在重振巴塞罗那海岸昔日风采的大型项目。自从1992年成功举办奥运会后，巴塞罗那一直试图将城市与海滨紧密联系起来。距离西班牙文化会议中心不远的地方是最后一块仍有待城市化的市政占地之一。

项目位于Garcia Fària大道和滨海环路之间，是一块40米宽、1,300米长，平行于地中海的狭长地块。两条新路贯穿整个项目，人们可以乘车直达海滩。

这两条平行公路决定了该项目的整体形式。一条景观带沿着Garcia Fària大道蜿蜒逶迤，梯形种植区高低不一、错落有致，人行道巧妙地穿梭其间。

景观带上有一些独特的特种钢制成的设施，主要用于公交停车场通风之需。平行于景观带是一个面向西班牙Ronda小镇、覆盖停车场的毫无装饰的平台。平台的承重要求限制了植被的种植种类，因此平台采用简单的基层沥青铺装。最终，平台被打造成宽阔的双

色表面，人们在此享受各种休闲运动，如散步、骑车或者溜冰等等。

最富深思远虑的设计是连接两条道路的高架平台。它们堪称真正的观景平台，将巴塞罗那的海景尽收眼底。

深圳中信岸芷汀兰

Citic Shenzhen Shore Zhitinglan

项目名称：深圳中信岸芷汀兰
项目地址：深圳
项目面积：11,700 平方米
设计公司：加拿大奥雅景观规划设计事务所

该项目东北及背面均为区域市政路居住区，道路与红线之间有生长良好的乔木林带，不利因素相对较小；南面紧邻滨海大道，巨大的车流噪声对地块造成较大不利影响，现有市政绿化带、部分乔木林带，种植需要密植中层，另以 7~8 米景墙隔离噪声；东面与浪琴半岛小区相接，设以林带及围墙相隔。

该系列方案均运用现代的语言诠释中国古典与园林自然和谐，师法自然的造园精髓，在对空间的分析和推敲过程中，也一直在寻求同中国古典审美的契合点，掇山理水、曲折蜿蜒、虚实掩映，最终希望整个空间连贯有趣，富有中国古典造园的韵味，同时又不失现代气息，灵动、自然、富有生活气息。